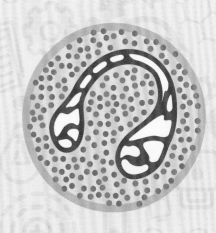

[西] 贝林·加科瓦·马丁 / 著

李沛姿 / 译

YOU YISI DE BAIKE ZHISHI KETANG

有意思的百科知识课堂

科学

北京时代华文书局

目录
contents

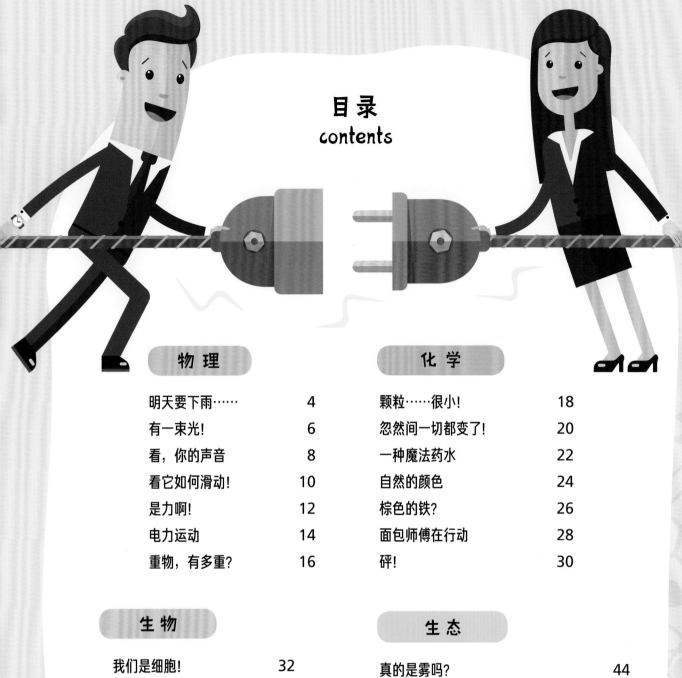

本书中"想一想,做一做"板块建议在保证安全的前提下,由家长指导进行。

物 理

明天要下雨……

如今，电视、互联网或广播都是我们了解天气情况的途径，但在这些东西出现之前，我们只能通过太阳、月亮、动物以及气压计等来判断天气情况！

星期一	☁	20°C
星期二	☀	22°C
星期三	☀	24°C
星期四	🌧	20°C
星期五	☁	23°C
星期六	🌧	19°C

空气很重

你以为空气不重吗？试着给两个气球充入等量的空气，把它们固定在尺子的两端，让它们保持平衡，如果你刺破其中一个气球，你会发现被刺破气球的那一端会向上倾斜，因为那一端的重量小于有充气气球的一端的重量。

它给我们造成压力！

你看不到空气。空气其实是由许多微小的分子组成的，这些分子会与周围物体碰撞并反弹，产生很小的压力，只不过我们已经习惯了它，几乎感受不到它的存在。

星期三

关于地表

大气压力是空气施加在地球表面的力。如果我们观察地球的特定区域，我们会发现，上方的空气压力越大，地表压力就会越大。这可以帮助我们知道天气将会发生怎样的变化。

空气柱

表面压力

想一想，做一做

气压计

1. 把气球剪开，注意它的切口要比玻璃罐的罐口大，把剪开的气球盖在玻璃罐口上，用橡皮筋固定。
2. 把吸管一端剪成斜角的样子，然后把吸管粘到气球做的玻璃罐盖子上，带斜角的一端朝外。
3. 在硬纸板上画间隔相等的9条线，从下到上依次写上–4～4九个刻度。将硬纸板粘到玻璃罐上，让吸管尖端与硬纸板上的0刻度线对齐。

星期四

天气好坏

如果测得的大气压力数值很高，那将是一个好天气；如果数值很低，最好随身携带一件保暖的衣服，因为天气不会很热。

发生了什么？

当用气球密封玻璃罐后，罐子内部和外部的空气施加在气球表面上的压力相同，因此气球看起来是平的，但是第二天或者一周后，玻璃罐外部的压力可能会有所不同，而内部的压力依旧没变，所以气球会发生变化。

如果吸管上升…… ↑
晴天

如果吸管下降…… ↓
阴天或雨天

高压

4
3
2
1
0
-1
-2
-3
-4

低压

有一束光！

有时候太阳光很强烈，当我们对着太阳看时会感到晕眩，即使我们闭上眼睛也会如此；有时候我们还会尝试拿镜子对着太阳照，想看看会发生什么。太阳对我们来说很重要，我们始终需要阳光为我们提供能量。

光源

白天我们能看到天空、云彩、书、秋千……哪怕到了晚上，我们也能看到很多东西，因为只要有发光的物体，我们就能看到东西，我们称这些发光的物体为光源。光源可以是来自自然界的，比如太阳；也可以是人类自己创造的，比如灯泡或者蜡烛。

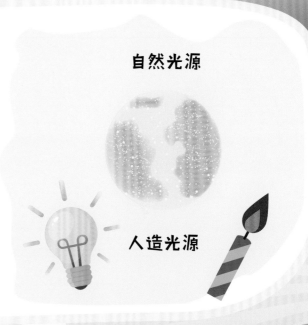

自然光源

人造光源

光的重要性

光可以让我们分辨不同的物体，这是因为当光照到物体上时，一部分光会被反射进入我们的眼睛，我们就能看见物体，区分物体的形状、颜色等诸多特征。

一个相当特别的弧

太阳的白光其实是由彩虹的那几种颜色组成的。如果你想要看到这些颜色，你可以在玻璃杯中注满水，然后将玻璃杯放在阳光下，并在玻璃杯旁放一张白纸，你就会看到一些小的彩色的光条：它们组成了一道彩虹。

红色
橙色
黄色
绿色
蓝色
靛色
紫色

当光线穿过玻璃时，每种颜色的光都会以不同的角度折射，因此我们可以看到各种不同的颜色。

想一想，做一做

你需要……

- 剪刀
- 1个黑色袋子
- 1个装了水的塑料瓶
- 胶带
- 1根吸管
- 1个手电筒
- 一点橡皮泥
- 1个桶

发光的水

1. 在一位成年人的帮助下，用剪刀在塑料瓶的盖子中心打一个孔，然后插入吸管。用橡皮泥固定吸管。
2. 用黑色袋子包住塑料瓶身（注意不要遮住瓶底），用胶带将黑色袋子固定。
3. 用胶带把手电筒发光的一端粘在瓶子的底部。
4. 在黑暗的房间里，打开手电筒。然后挤压瓶子，挤出一股水流，让水流进桶里。你会发现你造出了一束光！

发生了什么？

手电筒发出的光在塑料瓶的深色内壁上反射，并与水流一起射出。如果内壁是透明的，你还能看到彩虹！

看，你的声音

你看见过声音吗？你一定认为这是不可能的，我们可以听到声音，但怎么能看到它呢？其实就像你能看到小鸟或汽车一样，你只要往下读，并根据我们的指示进行实验，你就能看到声音。跃跃欲试了吗？

振动的空气

当我们让空气振动时，就会产生声音，就像把石头扔进水里会在水面激起一圈圈同心波一样，对于声音而言，我们将这种波称为声波。

声音还能传播

声音通过气体、液体或者固体传给我们：例如，如果你试着把头埋在水里，我保证你依旧可以听见自己喜欢的歌。但是在真空的环境里会如何呢？你不会听到任何声音。因为真空里没有物质可以帮助声音传播！

发声者

要跟你说的是……

声带

特殊的"带"

我们之所以能说话，是因为在我们的喉咙中有声带。当声带运动时，会非常快速地多次前后推动空气，从而产生声波。

8

想一想，做一做

你需要……

- 胶带
- 空易拉罐
- 小镜子
- 开罐器
- 手电筒
- 气球
- 橡皮泥

这是你的声音

1. 请一位成年人帮你去掉易拉罐的底座和盖子，仅保留罐身部分。用气球盖在罐子的一端，就像鼓一样，并用胶带固定。
2. 用少许橡皮泥把镜子粘到气球上，镜子要粘在气球表面的中心和边缘之间。然后打开手电筒，对准镜子照射，让光反射到墙壁上，试着让墙上反射出的光点尽量缩小。
3. 关闭房间的灯，然后对着易拉罐开着的一端说话或唱歌，就像对着麦克风一样。此时如果你看向墙壁，你就能看到自己的声音！

发生了什么？

你的声音的声波会让紧绷的气球表面振动，镜子也会随之振动，因此镜子反射在墙上的光也会跟着移动。这就会让你看到难以置信的画面——你的声音！

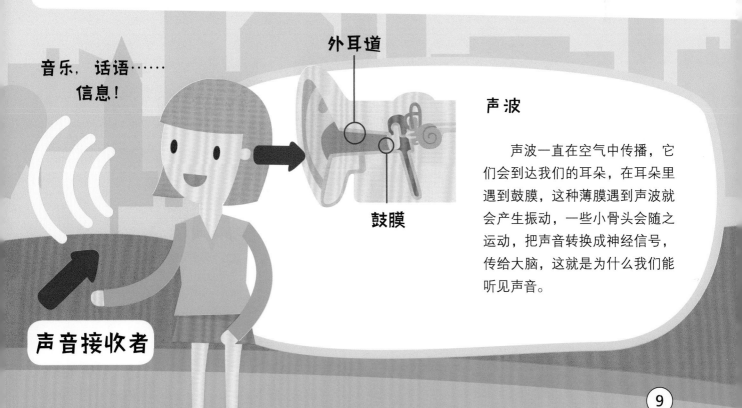

音乐，话语……
信息！

外耳道

鼓膜

声音接收者

声波

声波一直在空气中传播，它们会到达我们的耳朵，在耳朵里遇到鼓膜，这种薄膜遇到声波就会产生振动，一些小骨头会随之运动，把声音转换成神经信号，传给大脑，这就是为什么我们能听见声音。

看它如何滑动!

当我们把一个物体从房间的一侧移到另一侧,由于物体不同,有时我们花费的力气多,有时花费的力气少,即便是在平面上拖拽它们也是如此。如果我们分别在家里和大街上拖拉装玩具的箱子,花费的力气会一样吗?

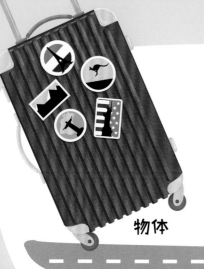

物体

平面

物体和平面

当我们拖动一个物体时,这意味着有两个主体在相互接触,即我们拖动的物体和供我们拖动物体的平面。这个平面会产生很小的力,我们称之为摩擦力。例如,当我们在地面上拖动手提箱时,就会产生摩擦力,摩擦力让物体的滑动变得困难一些,我们需要多花些力气才能拖动。

动摩擦力

一个物体沿着另一个物体的表面运动时,在其接触面所产生的阻力为动摩擦力。

静摩擦力

当相互接触的两个物体之间有相对运动的趋势但没发生相对运动时,物体之间产生的摩擦力叫作静摩擦力。

想一想，做一做

1. 把所有的物体放在木板上，排成一排，然后稍微倾斜一下木板，使你在木板上放置的物体能够沿木板滑动。
2. 把木板换成塑料板，重复上述实验。看，你已经证明了摩擦力是如何运作的了！

你需要……

• 1块光滑的木板
• 1块粗糙的塑料板
• 底部光滑的物体：杯子、瓶子、球、骰子、1本书、1把梳子或1把刷子

流体摩擦

比如当你游泳的时候，或者伞兵跳伞的时候，就会产生这种摩擦。它之所以有这个名字，是因为物体穿过的液体或气体，专家称之为流体。

发生了什么？

你会发现木板上的物体比塑料板上的物体更容易滑动，这就与摩擦力有关。摩擦力是两个相互接触的物体，当它们要发生或已发生相对运动时，在接触面产生的力。当物体在表面光滑的木板上滑动时，摩擦力较小，所以光滑的木板上的物体会比粗糙的塑料板上的物体更容易滑下去。

容易滑动

木板 → 表面光滑

是力啊！

我们总能听到这样的话：这个东西好重啊，那个东西更重；或者，这个东西比我们的身体还重，那个东西比我们的身体轻之类的。不过，你知道什么是质量吗？虽然你可能不信，但"质量"是更正确的说法。

测力计

重力和质量，是否相同？

你看见的、能触摸到的一切都有质量和重力，但重要的是千万不要混淆它们：质量表示物质的多少，无论这个物体是在地球上，还是在月球上，还是在你的家中，物体的质量都不会改变；一个物体的重力指的是物体由于地心吸引而受到的向下的力。

重力

身体质量

重力

相信你已经无数次地看到过一个物体掉落在地上，而不是浮在空中。如果你把一个重物扔到水里，你会看到它很快就沉没了：这就是重力的作用。重力是一种神秘的力，它将所有物体吸引在地球的表面。

为了测量质量，我们可以使用天平

重力

如何运作?

质量相同的物体在同一地方受到的重力始终是相同的，不过，如果你扔出两块质量相同，但是形状不同的石头，它们落下的速度可能不相同，因为即便地球对石头的引力一样，每块石头在空气中运动时产生的阻力却不一样。

想一想，做一做

一个测力计

1. 用图钉把A4纸钉在墙上，然后在图钉上挂1枚曲别针，把橡皮筋挂在曲别针上。在橡皮筋的底部，挂上另一枚曲别针。
2. 找一位成年人帮忙，用剪刀在塑料盒的盖子上钻2个洞，把绳子穿进洞中并固定，形成一个提手，把提手挂在橡皮筋底部的曲别针上。
3. 依次把各个物品放在塑料盒里，在纸上标记出曲别针所在的位置和每样物品的质量，以"克"为单位。
4. 计算地球吸引物体的力，为此，你需要知道如何把"克"转换为"牛顿"：

1牛顿对应100克

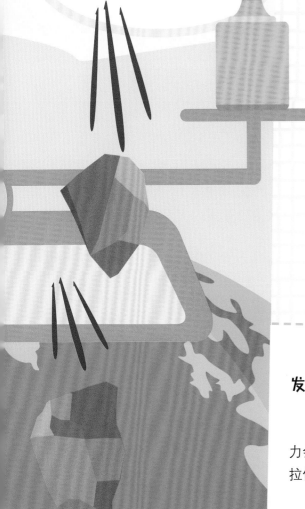

发生了什么?

你制作出了1个测力计，测力计是用于测量力的物品。因为重力会将物体向下吸引，所以把物体放进容器时，橡皮筋会被向下拉伸，物体越重，重力越大!

电力运动

每一天，我们一到晚上就会打开灯，我们会吃冰箱里的冷冻食品，会看电视，还会使用电梯……在这些活动中，都离不开电。可是如果没电了怎么办？这不是问题！因为你可以自己制造发电机！

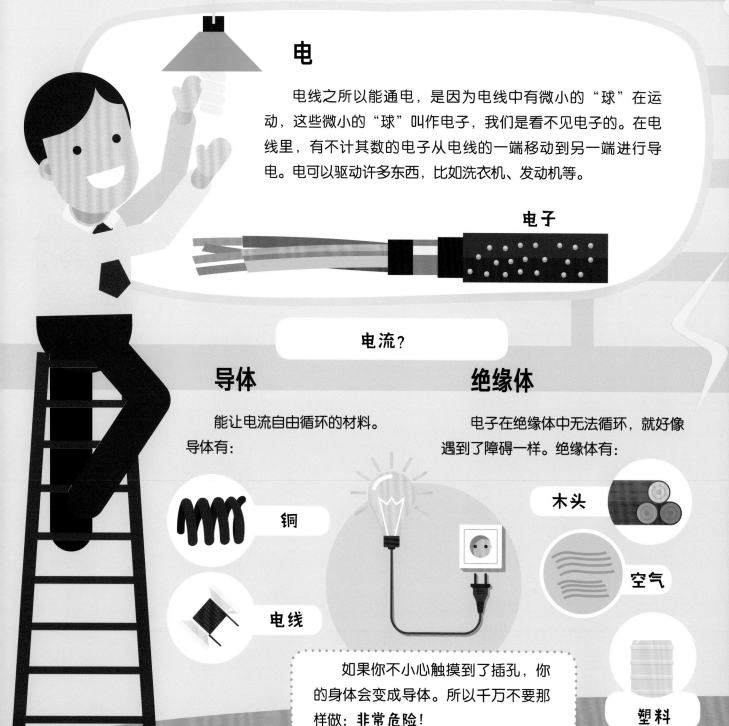

电

电线之所以能通电，是因为电线中有微小的"球"在运动，这些微小的"球"叫作电子，我们是看不见电子的。在电线里，有不计其数的电子从电线的一端移动到另一端进行导电。电可以驱动许多东西，比如洗衣机、发动机等。

电子

电流？

导体

能让电流自由循环的材料。

导体有：

铜

电线

绝缘体

电子在绝缘体中无法循环，就好像遇到了障碍一样。绝缘体有：

木头

空气

塑料

如果你不小心触摸到了插孔，你的身体会变成导体。所以千万不要那样做：非常危险！

想一想，做一做

你的活动就是电

1. 将电线在硬纸筒的中部紧紧地缠绕几圈。
2. 请一位成年人帮忙剥去电线末端的皮，再把电线连接到灯泡上。然后，把磁铁放在硬纸筒内部，并用胶带把硬纸筒两端封上，以防磁铁掉出来。
3. 保持房间内黑暗，摇动硬纸筒，让磁铁从一端移动到另一端。然后你就会看到，由于磁铁的移动，灯泡亮了起来。

发生了什么？

你的一系列活动"变"出了电。因为磁铁的运动使磁场中的导体（电线）产生电动势，电动势驱使电线中的电子运动，电子的运动就产生了点亮灯泡的电流。

一种特殊的力

虽然你看不到，但是磁铁周围存在着一种磁场，磁场像手臂一样环绕着磁铁。如果你把两块磁铁放在一起，你会发现有时候它们能相互吸引，贴在一起，有时候则保持距离，无法挨在一起。

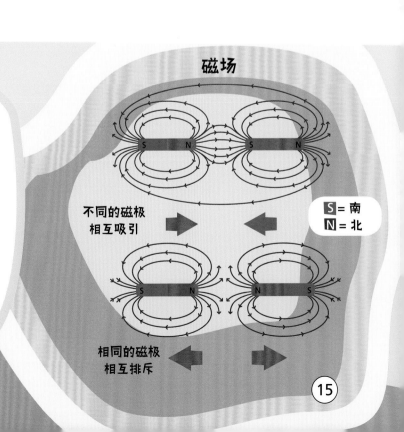

磁场

不同的磁极相互吸引

相同的磁极相互排斥

S = 南
N = 北

重物，有多重？

如果我问你1千克铅块和1千克稻草哪样更重，你应该会告诉我它们一样重吧！但是它们中哪一样占的地方更大呢？你答对了！是1千克稻草。你想知道这是为什么吗？请继续读……

东西的密度

一只手抓满羽毛，另一只手抓满硬币，哪只手里的东西更重？由于固定的空间是你的手掌，所以结果肯定是抓满硬币的手更重，这是密度造成的——因为占据相同空间的物体或材料的密度有大（较重，比如硬币）有小（较轻，比如羽毛）。

密度是对一定体积内的质量的度量。

浮起来还是沉下去？

如果你把一个鸡蛋放进一杯水里，你会发现鸡蛋会沉进水中，如果杯子里的水不太满，你还会发现随着鸡蛋的放入，水位会上升。不过如果我们在水中加一些盐，鸡蛋就不会沉下去了，这是因为鸡蛋的重力与盐水的浮力相抵了。鸡蛋并没有什么不同，但是加入盐后水的密度增加了，鸡蛋就能浮起来了。

+密度 ➡ +浮力，如果浮力大于重力，鸡蛋就会漂浮

只有水

加了盐的水

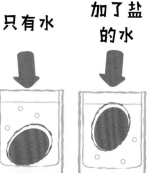

还存在于空气中！

尽管我们看不到空气，但我们知道空气是由许多可以彼此靠近或分离的粒子组成的，粒子们的密度不尽相同。因此，如果你放飞了一个充满氦气的气球，由于氦气轻于空气里的氧气和氮气，这个气球会越飞越高，寻找与它密度相当的空间。

空气粒子

氮气78%

氧气21%

想一想，做一做

你需要……

- 装有水的容器
- 装有酒精的容器
- 2种颜料（颜色不同）
- 1个高一些的玻璃杯
- 蜂蜜
- 注射器
- 玉米糖浆
- 洗洁精
- 油

五颜六色的液体

1. 在装有水和装有酒精的容器中，分别加入1勺不同颜色的颜料。
2. 在高玻璃杯的底部放入大约1厘米厚的蜂蜜。然后利用注射器把其他种类的液体按照下面的顺序一点一点地沿着杯壁注入杯中（每种液体大约1厘米厚）：玉米糖浆、洗洁精、染了颜色的水、油、染了颜色的酒精。

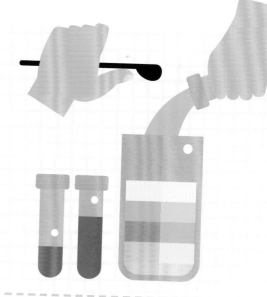

发生了什么？

因为我们使用了不同密度的液体，密度较小的液体会浮在密度较大的液体之上，杯子里从上到下的各种液体的密度依次递增。如果我们把放入各种液体的顺序颠倒一下，按照液体的密度从小到大的顺序注入杯中，你会发现这些液体会根据密度重新分层排列。

颗粒……很小!

环顾你的左右,你会看到书籍、玩具、建筑物、公园……我们被各种各样可以触摸到的物体包围着,我们可以看到它们的外观和颜色。但是,你能说出这些物体是由什么构成的吗?

原子,构成物质的单位

你能看见的(以及你看不见的)事物都是由非常小的粒子构成的,我们把这种微小的粒子称之为原子,原子是构成物质的基本单位。为了让你能了解它们到底有多小,给你举个例子吧:仅仅在大头针的尖上,就有着数以百万计的原子!

原子又是由什么构成的呢?

也许你无法相信,其实原子是由比它更小的粒子组成的。

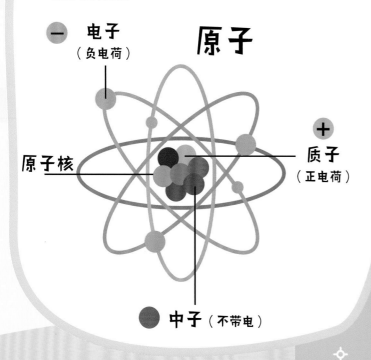

— 电子(负电荷)

原子

原子核

质子(正电荷)

中子(不带电)

从不单独行动!

原子可以以不同的方式排列组合,这就是为什么存在不同类型的材料。原子就像是字母,可以组合成各种不同的单词。

物质状态

固体

原子紧密聚集在一起时会形成固体，固体具有一定的形状和体积，固体中的原子会排列成特定的结构。

液体

液体的原子自由移动，液体没有确定的形状，它的形状往往取决于容器的形状。

气体

气体中的原子之间距离很大，而且总是相互碰撞。

想一想，做一做

你需要……

- 报纸
- 彩色的橡皮泥：蓝色、红色、绿色和黄色
- 1个螺帽

一个原子

1. 把报纸盖在桌子上。把蓝色橡皮泥搓成一股绳，然后把红色橡皮泥也搓成一股绳。用红色的橡皮泥绳绕螺帽围成一个略大于螺帽的大圆圈。然后再做一个较小的蓝色橡皮泥圈和红色橡皮泥圈，依次放进大圈内。
2. 在螺帽的中心放一个用蓝色橡皮泥做的小圆盘，在小圆盘中心放上一个用黄色橡皮泥做的小球，代表原子核。在蓝色和红色的橡皮泥圈上加几个绿色橡皮泥做的小球，代表电子。

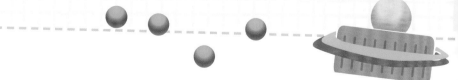

发生了什么？

你造出了一个原子模型，你展示了原子是由什么构成的，以及原子的基本结构。就好比如果要创造一门语言，需要从创造字母或符号开始一样，原子是物质的基础。

忽然间一切都变了!

不管你信不信,化学无处不在。化学可不止存在于实验室里,它的用途比你想象的多得多:用肥皂和水洗手是化学,喝加了气的饮料是化学,面包和奶酪也关乎化学。即使在许多你看不见的地方,比如你的身体里,也存在着化学!

分子是什么?

分子是物质中的最小单元,分子由连接在一起的原子组成。我们周围的一切都是由分子构成的,因为各种物质内分子组合的类型不同,所以表现出来的特质也不同。

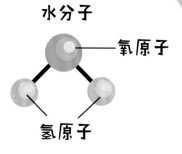

水分子

氧原子

氢原子

水分子 < + 油分子 → 不相融

+ 肥皂分子 → 相融

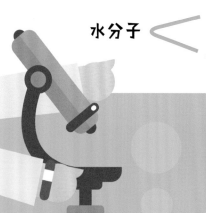

酸性物质

大多具有酸味,可以溶解许多物质。

橙子

化学反应

有时候我们会把物质的分子重新组合排列,生成新的分子,这个过程就是所谓的化学反应,比如说当我们把酸性物质和碱性物质混合在一起,就会产生特性不同的新物质。我们就创造出了新的分子!

碱性物质

大多具有苦味,略显黏稠或湿滑,可以分解污垢和污斑,因此碱性物质经常用于清洁。

小苏打

想一想，做一做

你需要……

- 3个相同的杯子
- 水
- 盐
- 小苏打
- 柠檬汁或醋
- 小熊软糖

变异的软糖

1. 在第一个杯子中倒入水，混入盐，搅拌均匀；在第二个杯子中倒入水，混入小苏打，搅拌均匀；在第三个杯子中倒入柠檬汁或醋。
2. 完成上述步骤后，在每个杯子中各放入一颗小熊软糖，静置一夜。

发生了什么？

在盐水中泡了一夜的小熊软糖会因为盐失去弹性；在小苏打水中泡了一夜的小熊软糖会吸水，体积会变大；而在柠檬汁或醋中泡了一夜的小熊软糖会被溶解，因为柠檬汁和醋都是酸性的物质。

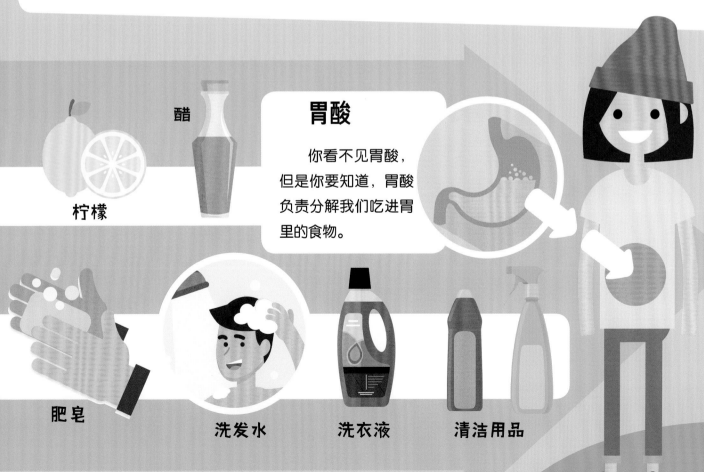

醋

柠檬

胃酸

你看不见胃酸，但是你要知道，胃酸负责分解我们吃进胃里的食物。

肥皂

洗发水

洗衣液

清洁用品

一种魔法药水

我敢肯定你听过类似的故事：某个中世纪的女巫有一口冒着泡沫的诡异大锅。其实，在我们的生活中想要看到类似的效果非常容易，你只需运用化学方法就办得到！

物理变化

在物理变化中，物质本身保持不变，只是其外观和状态变化了。物质状态（固态、液态和气态）的变化是由物质中分子（或原子）运动状态改变造成的。物质保持不变，其分子（或原子）也没变，只是分子（或原子）之间的距离变了。

物理变化的例子：

冰　+ 热能

↓ ↓ ↓

水

反应物和生成物

化学反应是一种或多种物质转变成新物质的过程。在化学反应中，我们会把消失了的物质叫作反应物，把新生成的物质叫作生成物或反应产物。

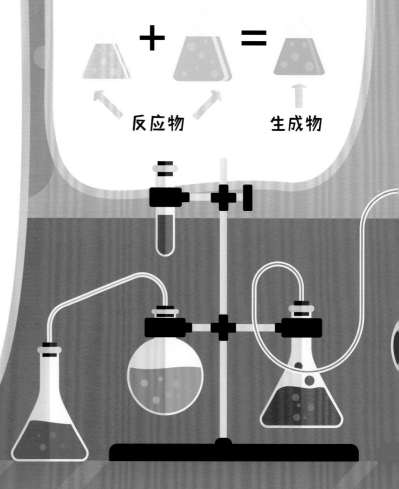

+　　=

反应物　　生成物

想一想，做一做

你需要……

- 1个托盘
- 几个大小和形状不同的杯子和罐子
- 醋或柠檬汁
- 食用色素
- 汤匙
- 小苏打

女巫的配方

1. 把杯子和罐子放在托盘上，每个里面都放入一些醋或柠檬汁，再加入食用色素；每个容器尽量使用不同颜色的色素，液体的量也可以不同。
2. 在醋或柠檬汁里撒上一汤匙小苏打，仔细观察会发生什么。

发生了什么？

混合物会冒泡。这是因为醋和柠檬汁是酸性的，与小苏打混合后，其成分会发生变化，并产生许多二氧化碳气体。醋、柠檬汁和小苏打都是反应物，二氧化碳是生成物。

自然的颜色

当你环顾左右，你会看到各种颜色的植物：有蓝色的、绿色的、黄色的、粉红色的……有的颜色浓烈，有的颜色柔和，它们的颜色会随着时间和所含水量的变化而变化。我们都喜欢五颜六色的衣服，也会画五颜六色的作品，那么，你想要制作属于自己的颜料或染料吗？

天然色素

植物中都含有一些天然的化学物质，这些化学物质赋予了它们独特的颜色，我们称之为色素。下面是一些色素的例子：

叶绿素　　　绿色

胡萝卜素　　橙色

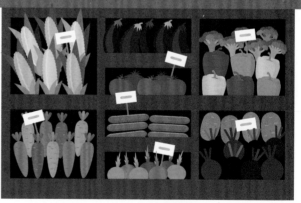

花青素　　　紫色

想一想，做一做

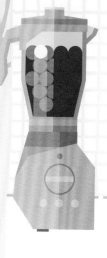

天然染料

1. 用搅拌机把莓果榨汁。过滤水果残渣，把果汁单独存放，这就是你的染料。
2. 在玻璃容器中倒入半杯热水、半杯醋和果汁染料。把白色棉布折叠，也可以用橡皮筋捆绑固定棉布，然后把棉布浸入染料中，等待一段时间，等到棉布充分吸收了染料，染色就完成了。

发生了什么？

红色的莓果汁可以当作染料，但是想要成功染色，需要添加媒染剂。在本实验中，媒染剂是醋，加入了媒染剂，布料就可以很好地把果汁的颜色长久地保留下来。如果把布料卷成卷或者用橡皮筋扎起来，布料上的某些部分可能就无法吸收染料，因此会形成花纹。

材料选择

正如植物中存在许多天然的染料一样，许多织物也可以用植物来制造，比如棉花或者亚麻。蚕丝、羊毛这种动物纤维可以更好地吸收天然染料。

媒染剂

染色时，染料必须固定在布料组织中，才能确保在清洗时不会掉色。因此，我们需要使用媒染剂，媒染剂可以使染料更好地进入布料组织，让布料更耐光、耐洗、耐摩擦。

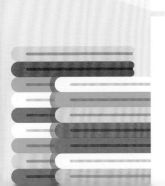

棕色的铁?

当你在海边小镇散步时,你肯定会心生感叹:"这风景多美啊!"如果你仔细观察,你会发现小镇里的铁栏杆或自行车链条可能不怎么光滑,呈现奇怪的棕色。这是氧化造成的。继续往下读,你就会知道具体的原因啦。

氧化是什么?

如果你细看,你可能会发现很多铁片上都有橙色斑点:这就是氧化。氧化是空气中的氧气与金属发生化学反应造成的,而且在空气较为潮湿,或者周围环境里有盐分的情况下,氧化、腐蚀的速度会更快。

铁 + 氧气 + 水 → 氧化反应

腐蚀

在自然界中,腐蚀是一种经常能看到的现象。当铁与盐水接触时就会发生这种情况,铁被腐蚀后,表面会形成一些小孔,还会出现黄褐色的粉末。

一切都会溶解

如果在门锁或者自行车的链条上涂些油，就相当于为它们涂上了一层保护罩，可以避免铁制品与氧气接触，这样就不会被氧化了！另外，如果想要去除氧化物，我们可以利用某些酸性物质，酸性物质和氧化物可以发生化学反应。

醋   柠檬   可乐汽水

想一想，做一做

你需要……

- 3个透明的玻璃杯
- 自来水
- 盐水
- 3枚长螺丝
- 笔记本

在海边

1. 在第一个玻璃杯里倒半杯自来水，在第二个玻璃杯里倒半杯盐水，第三个杯子空着放在那里。在3个杯子中各放入1枚螺丝，注意：螺丝应该一半浸入水中，另一半露在空气中。让它们静置至少24小时。观察它们的变化，并把观察结果记录在笔记本上。
2. 第二天，从杯子中取出3枚螺丝：你会看到放在空杯子里的螺丝和放在自来水中的螺丝几乎没有什么变化，但是放在盐水中的螺丝表面会变成棕红色。

发生了什么？

铁与空气接触会发生氧化，但这是一个非常缓慢的过程，因此，放在空玻璃杯中的螺丝和放在自来水中的螺丝几乎没有变化，看起来也几乎没有区别。但是放在盐水中的螺丝就不一样了，因为盐水会加速这个化学反应，这就是为什么在靠近大海的地区，含铁的东西总会比在别的地区先发生腐蚀。

面包师傅在行动

有时候我们会忙得晕头转向，你看，这位面包师把面和水和成面团之后就去忙别的了，等他回来后，他发现面团胀得老大！你知道发生了什么吗？请继续往下读吧！

基本因素：酵母

要制作面包，我们需要酵母，它是一种以糖为食的真菌。酵母遇到糖后，能把糖发酵出酒精（乙醇）和二氧化碳气体，因此会产生气泡，使面包变得松软、美味可口！

发酵

发酵指人们借助微生物在有氧或无氧条件下的生命活动来制备微生物菌体本身或代谢产物的过程。在制作面包时，酵母把淀粉（一种多糖）转化成了葡萄糖，葡萄糖是一种单糖。

发酵过程

  +   = 酒精（乙醇） +   + 热量

酵母

糖
它是酵母的食物

酒精（乙醇）
酒精发酵

二氧化碳
给面团充气,
面团中出现气泡

特定的条件

酵母需要在特定的条件下才能让面团发酵：

· 酵母需要溶在水里才能吸收食物，它的食物主要就是糖。

· 需要一些氮（氮可以从蛋白质中获得）和一些矿物质。

· 它们在温度高于26℃的条件下发挥作用，但是温度不能高于35℃，否则它们的作用就会变弱。

想一想，做一做

你需要……

• 面粉 400克
• 鸡蛋 两个
• 白糖 50克
• 食盐 2克
• 酵母粉 4克
• 温水 两小勺
• 玉米油 15克

好吃的面包！

1. 干净的大盘里倒入400克面粉，打入两个鸡蛋，加入酵母粉4克、白糖50克、食盐2克、玉米油15克，然后加温水两勺倒在酵母粉上，顺时针搅拌均匀。

2. 用手和面，直到面粉变成面团。在案板上撒些面粉，把面团放在案板上继续揉10分钟左右。然后把面团放在温暖的地方，静置1小时。

3. 1小时后，把面团做成你想要的形状，把它放在烤盘上，继续发酵30分钟。与此同时预热烤箱，让烤箱温度升至230℃。然后请一位成年人帮忙，把面团放入烤箱烤20~25分钟，待面包表面变成金黄色时，就可以出炉了。

酵母

面团

发生了什么？

酵母发酵时，会产生二氧化碳气体，这些气体会让面团膨胀。面团放入烤箱后，由于烤箱里温度过高，酵母会死亡，面团就会停止膨胀，表面还会凝结、变硬。

砰！

你一定见过壁炉里的火焰或蜡烛在燃烧的现象吧，没准儿你能盯着看好几个小时呢。也许你不知道火焰到底如何产生，也许你以为火焰是一门科学……这么认为倒是没错，不过火里也包含了化学！

燃烧

你想过蜡烛为什么能被点燃吗？蜡烛中的什么在燃烧？你也许会认为是蜡烛芯，但其实是蜡烛中的蜡在燃烧。当用打火机点燃蜡烛时，打火机产生的初始热量让蜡融化，然后蒸发，其蒸气与空气接触后发生了化学反应，这个过程就是燃烧，燃烧以光和热的形式释放出大量能量。

蜡烛

蜡烛芯

燃料和氧化剂

就如同把酸和碱混合在一起会发生化学反应一样，想要让东西燃烧，也需要具备两个要素：

燃料 ➡ 可燃物（例如：含碳氢化合物的蜡、石蜡、煤、石油或天然气）

助燃剂 ➡ 促使或者有助于燃烧发生的物质（例如：氧气）

$$CH + O_2 \longrightarrow CO_2 + H_2O$$

碳氢化合物 + 氧 → 二氧化碳 + 水

想一想，做一做

你需要……

- 2块方糖
- 镊子
- 打火机
- 灰烬

糖燃烧起来了！

1. 用镊子夹起一块方糖，请一位成年人帮忙点燃打火机，然后让火苗接触糖块，糖块会融化成糖浆，但是并不会燃烧。

2. 现在把另一块方糖放置于灰烬中，然后请成年人再次用打火机点燃糖块。你会发现糖块这回就可以燃烧了！

发生了什么？

为了让物质燃烧，需要让它们与空气接触。在只有糖块的情况下，糖融化后，会马上凝固，这样就阻止了氧气进入，使燃烧变得十分困难。因此糖顶多也就是从白色变成了棕色。而当方糖与灰烬混合时，糖融化后不会优先凝固，因此就燃烧了起来。

慢或快

可燃物燃烧的速度有快有慢，比如煤炭，在燃烧中可以慢慢消耗；但有一些情况下燃烧蔓延的速度非常快，比如在爆炸或者火灾中，燃烧蔓延就很快。因此，当我们去野外露营时就需要非常小心，在收拾东西时，应该避免在大自然中留下可燃物。

缓慢燃烧

快速燃烧

我们是细胞！

如果我问你小鸟和大树有什么共同点，你肯定答不出来吧？但是，仔细想一想！对！它们都是活着的生物！无论是人类、动物还是植物，都是生物！我们是有共同点的，你想见识一下吗？

细胞

从很小的微生物到人类，大多数生物都是由细胞组成的，细胞是生物体最小的功能单位，细胞有运动、运输和繁殖等功能。大多数细胞很小，只能通过显微镜看到。另外，每个细胞都有一个"密码"，即DNA，是生命的遗传物质。

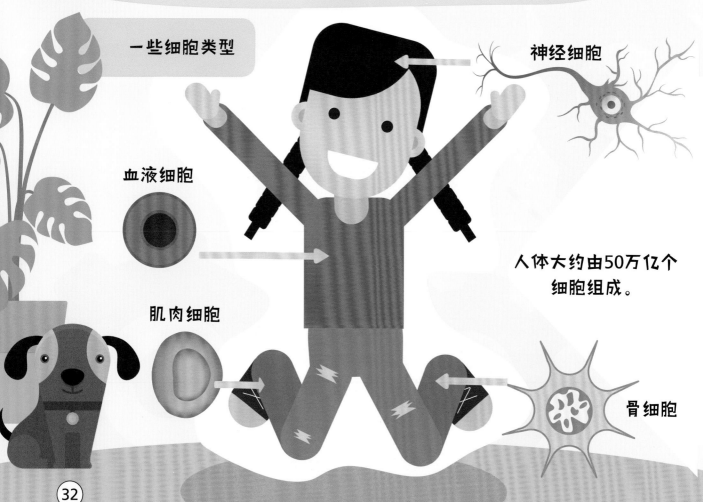

一些细胞类型

神经细胞

血液细胞

人体大约由50万亿个细胞组成。

肌肉细胞

骨细胞

想一想，做一做

你需要……

- 1罐96度的酒精
- 3个杯子
- 水
- 盐
- 2个汤匙
- 液体洗洁精

观察你的DNA

1. 将装了酒精的罐子放入冰箱1小时。与此同时，在一个杯子里倒入半杯水，放一汤匙盐进去，搅拌均匀。用盐水漱一下口，但是不要把盐水吐入水槽中，而是吐在另一个空着的玻璃杯中。

2. 在第三个杯子里倒半杯水，加入几滴洗洁精，搅拌均匀。然后，把一汤匙洗洁精水放进你吐出来的盐水中，搅拌一下。最后，在装着你吐出来的盐水的杯子里一点一点加入从冰箱里取出来的酒精，加至大约半杯的位置，静置1小时后，你就可以看到你的DNA啦！

发生了什么？

当你用盐水漱口时，你会得到你的细胞，洗洁精水会让细胞破裂，释放出DNA。通过添加酒精，则可以分离出DNA，形成白色链状物。你就可以看到你的DNA啦。

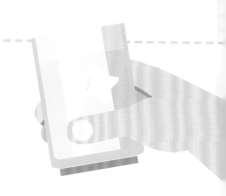

组织、器官和系统

在多细胞生物中，细胞会形成组织，组织是执行相同任务的相似细胞的集合。生物的器官，比如心脏，由不同的组织组成；生物的系统，是为了完成一种或多种生理功能，多个器官按照一定顺序组合在一起的集合。

不同生物的细胞数量也不同：

单细胞生物

1个细胞

细菌、部分真菌和部分藻类

多细胞生物
数百万个至几十万亿个细胞
人、高等动物、高等植物

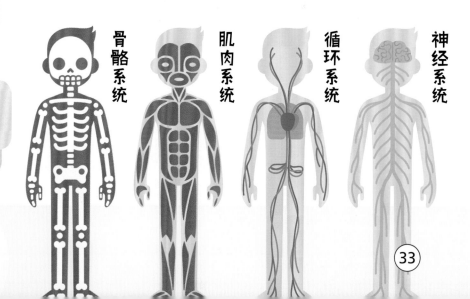

骨骼系统   肌肉系统   循环系统   神经系统

和我们不同

从微生物到大河马，大部分生物都是由细胞组成的。但是细胞是如此之小，以至于我们只能通过显微镜观察到它们。

菌落

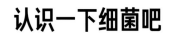

单细胞生物只有一个细胞，它们很难单独生活，它们需要成群地生活在一起。我们把这样的大量微生物细胞组成的集合体称之为菌落。但是这些单细胞生物即使生活在一起，也不愿意通力协作，每个微生物都按照自己的方式行事，这与多细胞生物里的细胞恰恰相反，多细胞生物里的细胞通常愿意和其他细胞通力协作。

认识一下细菌吧

我想你一定知道细菌是单细胞生物，并且我们只能通过显微镜看到它们，你肯定想说："快跟我说说我不知道的东西吧！"容我细说，细菌可以生活在水里、土里、空气里，甚至可以生活在其他生物身上，细菌繁殖得非常非常快，几小时之内可以从一个变成数百万个。

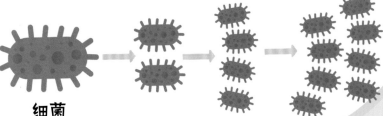

细菌

坏的细菌

有的细菌会入侵我们的身体并引发疾病，你肯定听说过诸如支气管炎或沙门氏菌病等疾病，它们都是由细菌引起的。还有一些细菌并没有直接伤害我们，但是它们会污染食物，让食物腐坏。

好的细菌

也有很多好的细菌，我们可以用它们来制作酸奶、奶酪、醋等食品，还可以用它们来制造药物，比如帮助我们抵抗感染的抗生素。细菌甚至可以帮我们清除废物或清理受污染的水！

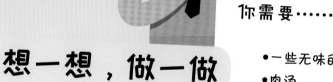

想一想，做一做

你需要……

- 一些无味的食物明胶
- 肉汤
- 4杯（约1升）水
- 1个带有透明盖的容器

培植细菌

1. 溶解食物明胶，与肉汤混合均匀，在混合物中倒入3杯水。请一位成年人帮忙把加了水的混合物煮10分钟；与此同时在另一个锅中煮沸剩下的水，把沸水倒入带有透明盖的容器里静置5分钟，然后把肉汤、明胶的混合物也倒进容器里。
2. 先用你的手触摸一些东西的表面，比如椅子扶手、门把手或者电话，然后等肉汤成了果冻状之后，用手触摸肉汤几次，然后盖上容器的盖子。几天之后，观察容器里发生了什么。

发生了什么？

过了一段时间后，你会观察到肉汤冻上出现了白色的斑点，它们就是细菌快速繁殖出来的菌落！

水，生命之源

你可能会觉得天上滴下来的每一滴水，以及我们喝的每一杯水，都是新产生的。但其实并不是这样，我们消耗的水和远古的恐龙喝的水都是同一批水！水是我们这颗星球孕育生命的源头。

水是怎样的？

水没有颜色，也没有气味。在生活中我们可以找到三种形态的水：固态，比如山顶的积雪或者冰箱冷冻箱中的霜；液态，比如自来水、喷泉或大海中的水；当我们把水加热到较高的温度的时候，水就会蒸发成气态，形成水蒸气。

凝结

云

风

太阳光线

蒸发

海洋

水的循环

从大海到云端（蒸发）

太阳会使大海、湖泊、河流等表面的水变热，逐渐蒸发。蒸发出的蒸汽会不断上升并形成云层。

从云端到大地（凝结和降水）

风推动水形成的云层，云层中的水又会以下面这种形式到达地面：当云层冷却后，云层里的水蒸气会凝结并以雨水的形式降落；如果温度进一步下降，云层里的水蒸气还可能以雪或冰雹的形式降落。所以说水又从天空流向了大地。

降水

雨水

雪

河流

湖泊

渗透

想一想，做一做

水的循环

1. 请一位成年人帮忙把塑料瓶剪成两半。把小植物放在有底座的那一半，并添加土壤覆盖其根部。
2. 给植物浇些水，然后把瓶子的另一半重新和放了植物的部分拼合，并用胶带固定，注意：要留一点缝隙。然后把瓶子放在阳光下，观察几天，用笔记录发生的变化。

发生了什么？

太阳光照射使温度升高，于是水开始蒸发，并在塑料瓶盖上凝结成很小很小的水滴，不久之后，这些蒸发出来的水又会重新渗入土壤。

你需要……

- 大号透明塑料瓶
- 剪刀
- 小植物
- 土壤
- 水
- 胶带
- 铅笔和纸

从大地到大海（渗透）

当水降落到大地上时，它会渗入地下，并积聚在地下巨大的含水层中，它也可能会形成地下水流、激流、溪流和河流，这些水会再次汇入大海。这样就完成了一次水的循环。

生活在同一个地方

在生活中你会和不同的人产生关系：你和爸爸妈妈，你和朋友，你和老师，等等。你们都是彼此生活中的一部分。但你知道吗，你和动物与植物之间，也有着密切的关系，因为我们都是生物，我们彼此谁也离不开谁。

我们彼此相关

所有生物之间都有着密切的关系，所有的生物和自然之间也是如此。这就是为什么我们需要关注生态系统，生态系统是同一个地方彼此相关的生物、土壤、水和空气的集合。根据一个地方水或土地的差异，生态系统被分为不同的类型。

生态系统类型

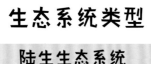

陆生生态系统

森林、雨林、草原和沙漠

水生生态系统

海洋、河流、湖泊和池塘……

混合生态系统

海滩、三角洲和沼泽……

适应环境

每一种生物都需要适应其所栖息的生态环境，才能生存，例如：鱼类生活在水里，它们的鳍可以让它们在水中自由地移动；在沙漠中生活的植物，如仙人掌，它们为了适应环境，只要很少的水分就可以存活。

想一想，做一做

你需要……

- 1个玻璃容器
- 土壤
- 沙子
- 水
- 水生植物
- 叉子
- 彩色的小鱼

属于你的水生生态系统

1. 在玻璃容器中装5厘米厚的土壤，在土壤上铺一层薄薄的沙子。然后缓慢地往容器中倒水，注意不要让土壤和沙子翻动。然后把容器静置48小时以便排出氯气。接下来借助叉子小心翼翼地把水生植物安置在容器底部，并把小鱼放进来。

2. 把容器放在一个光源附近，注意确保光源不会加热容器里的水。把容器盖上，仔细观察几周你的生态系统，观察期间要适当打开盖子换气。

发生了什么？

我们创造出了一个可以延续生命的环境。如果没有提供必要的条件，这个环境可能会被破坏，但是植物和鱼类也有可能会克服困难，尽量适应这个环境。

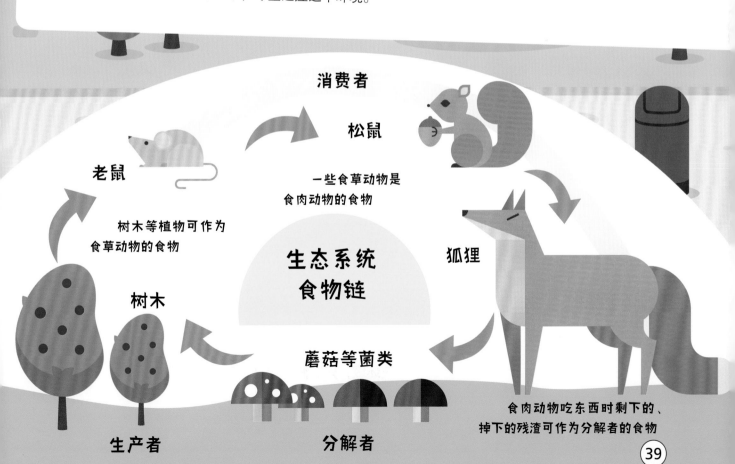

消费者

松鼠

老鼠

一些食草动物是食肉动物的食物

树木等植物可作为食草动物的食物

生态系统
食物链

狐狸

树木

蘑菇等菌类

生产者

分解者

食肉动物吃东西时剩下的、掉下的残渣可作为分解者的食物

植物=生命

当你去公园玩儿时，你会看到花草树木；当你去景区旅游时，你不仅能看到许多人和动物，还会看到野生植物；如果你去乡下菜园，你会看到各种各样的农作物。你知道这些植物都是怎么长出来的吗？

植物是怎样生长的？

植物也是生物，虽然它们不像我们一样能走能跳。它们需要阳光的滋养；而且它们像动物一样，也需要氧气才能生存。它们通过扎在土壤里的根系，从土壤中吸收必要的水和矿物质。它们的茎通常立在地面上，茎负责把养分传递给叶。

光合作用

光合作用指的是植物吸收光能，把二氧化碳和水合成有机物供自己使用，同时释放氧气的过程。光合作用发生在植物的绿色部分的细胞中，特别是在叶子中。这些绿色的细胞含有叶绿素，可以捕获阳光的能量，并使细胞呈现出绿色。

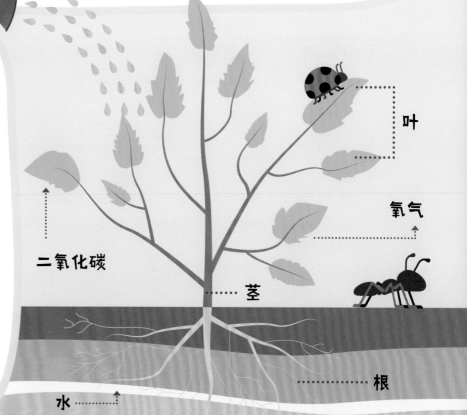

叶

氧气

二氧化碳

茎

水

根

花朵和果实

几乎所有的花都有一个雌蕊，它是种子植物的雌性生殖器官；有雄蕊，负责生产小的花粉粒；有花冠，上面长着彩色的花瓣；还有花萼，花萼上有几片绿色的萼片，负责保护花朵。如果一朵花的花粉传到了另一朵相同类型的花的雌蕊上，就会形成果实，我们可以从果实中再次获得种子，种更多的植物。

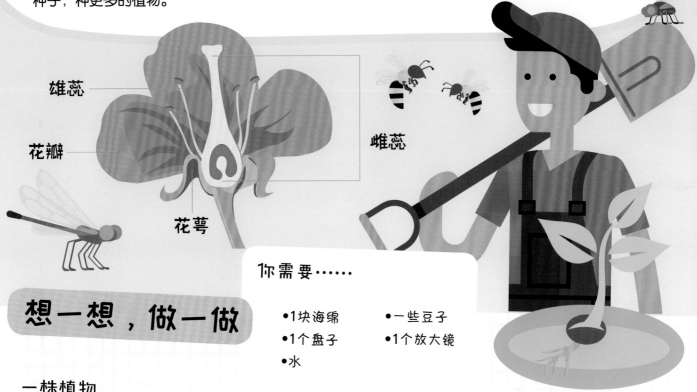

雄蕊

花瓣

花萼

雌蕊

想一想，做一做

你需要……

- 1块海绵
- 一些豆子
- 1个盘子
- 1个放大镜
- 水

一株植物

1. 浸湿海绵，把它放在盘子上，再淋些水。然后把豆子放在海绵上，用手指轻轻按压它们。把盘子静置一段时间。在这期间，要小心地保持海绵始终处于湿润的状态。
2. 每天用放大镜观察种子；你会看到种子吸收水分后会破裂，开始长出一个小芽。这样你就已经培养出了一株植物！

发生了什么？

种子（本实验中为豆子）是植物果实的一部分，只要满足以下三个条件，它们便可以长出新的植物：充足的水分、适当的温度和足够的空气。

我们需要食物

我们如何度过一天？跑步，上学，做作业，和朋友一起去公园玩耍，帮爸爸妈妈做家务……你有充沛的能量度过这样忙忙碌碌的一天，但是你知道你的能量来自哪里吗？

生长和修复

身体会感到疲倦，也需要生长和发育，因此我们必须食用富含蛋白质的食物。蛋白质是我们身体必需的营养物质；你可以通过吃肉类、豆类、鱼或鸡蛋来补充蛋白质。

永远健康

吃水果和蔬菜会为我们的身体补充维生素、矿物质和纤维，它们可以帮我们的身体正常运转，并帮助预防多种疾病。

能量！

人的身体需要能量，为了获得能量，我们必须摄取含有碳水化合物的食物，比如土豆和面食；当然，我们还需要吃一些像油脂这类的高脂肪食物，比如肥肉。

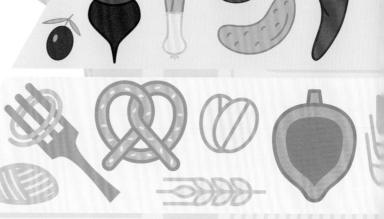

水和纤维

人体也需要水，尽管我们吃的食物中含有一定量的水，但这是远远不够的，因此我们每天需要喝几杯水补充水分。另外，某些纤维虽然不能起到提供营养的作用，但它对我们的健康也至关重要，纤维可以帮我们减少便秘，预防疾病，并改善肠道细菌的状态。

想一想，做一做

食物的脂肪

1. 用研钵把薯条碾碎，然后把它们放在一张吸水纸上。在另一张吸水纸上滴几滴油。然后把橙子块和牛油果块分别在剩下的2张吸水纸上摩擦，让它们的汁浸透吸水纸。

2. 观察每种食物在纸上留下的痕迹，并记录下来。半个小时后，再次观察干了的吸水纸上的痕迹。

你需要……

- 一些炸薯条
- 研钵（或用勺子和盘子代替）
- 4张吸水纸
- 油
- 1块橙子
- 1块牛油果
- 笔记本和铅笔

发生了什么？

橙子的那张纸上不会留有痕迹，其他的富含脂肪的食物或多或少都会留下油渍。

蛋白质

水果

蔬菜

碳水化合物

生 态

真的是雾吗？

这里有汽车，那里有工厂，更远处还有冒烟的烟囱……这些东西让我们的生活变得便捷——汽车缩短了出行时间，工厂生产的产品环绕在我们左右，锅炉给我们供热。但是，它们也会导致空气污染。

雾霾

"雾霾"是一个奇怪的术语，在这个名字中我们可以找到两个词："雾"和"霾"。霾即是灰霾、烟尘。我们给它起这个名字是因为它是由烟、尘等颗粒物形成的"雾"。雾霾更容易发生在冬季的城市中。

雾霾如何形成？

工厂生产、汽车运转和供暖等人类活动会产生大量颗粒污染物，当排放量超过空气循环能力，污染物就会在近地面区域积聚，形成雾霾。雾霾天气又会反过来使空气更加稳定，不易流动，从而使污染物不易扩散，加重雾霾。

雾霾不是由小水滴形成的，而是由含硫或氮的污染气体以及可吸入颗粒物形成的！

对我们有怎样的影响？

雾霾对地球有不好的影响，它让我们看不到美丽的风景，甚至看不到天空。雾霾还会导致气候变化，使气温升高，降雨减少，影响植被的生长。

取决于你

你其实可以减少雾霾，让我们的地球更健康：

·出行尽量使用自行车或公共交通工具。

·刷牙和洗手的时候注意节约用水——其实也就是在刷牙和洗手的时候及时关闭水龙头就可以了。

·不使用电子设备的时候，记得一定要把它们关闭。

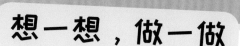

你需要……

- 2个玻璃罐
- 醋
- 1个小汤匙
- 火柴
- 铝箔
- 发芽的草种子

请务必在成年人的帮助下进行此项实验，绝不要单独做！

暴露在"雾霾"中的植物

1. 将一勺醋放入一个罐子中，请一位成年人帮忙点燃火柴并放入罐子，然后迅速用铝箔覆盖罐口。这样我们就造出"雾霾"了。

2. 将发了芽的草种子放入第二个罐子中，用铝箔覆盖罐口。在两张铝箔上各打一个小洞，然后把有"雾霾"的罐子口对准装了草种子的罐子口，倒扣在上面，为了获得好的实验效果，要让两个罐口的铝箔尽量贴合在一起。

发生了什么？

暴露在"雾霾"里的草种子的生长会受到影响，由于"雾霾"是污染气体，种子的生长速度会变慢。

风的力量

做饭，照明，机器运转……你可能已经习惯了这些，但是你并没有重视。上述这些活动都需要电力，而风正是负责发电的。

吹啊，吹啊

可用于发电的能源有许多种。有一些能源是比较清洁的、可再生的，风能便是其中最清洁的发电能源之一。

风车叶片

塔架

风车

就是那个地方！

为了充分利用风能，需要寻找空气流通较好的空间，比如海边、平原和高山地区。可以在这些地方设立风力发电厂。电厂中有许多大塔架，塔架上有3个风车叶片，看起来像螺旋桨一样，它们会随着风力旋转。

如何工作？

风力带动风车叶片旋转并产生机械能，再借助塔架和机舱中的主轴、齿轮箱这样的传动系统把机械能转换为电能。

想一想，做一做

你需要……

• 边长约为20厘米的方形纸
• 剪刀
• 铅笔
• 吸管
• 一些图钉
• 橡皮泥
• 纸板围成的圆筒
• 1根细绳
• 1个卷笔刀

升降小磨

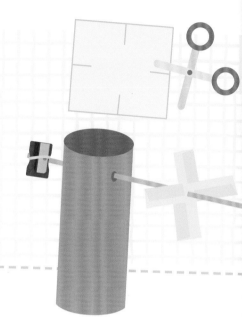

1. 如图所示，在方形纸的四条边的中心位置剪出4条直线，剪出的直线长度约为正方形边长的四分之一，然后把每条边向纸张中心位置折叠，形成风车状。用铅笔在风车中心打一个洞，把吸管穿进去。

2. 利用图钉和铅笔在纸板围成的圆筒上部钻两个孔，把吸管穿进去。如图所示，风车位于纸板筒前方，纸板筒后方还露出一大截吸管，在纸板筒后方的吸管上绑上细绳，用绳子固定卷笔刀。现在，请吹动风车。

发生了什么？

吹气时，流动的空气带动风车叶片旋转。吸管的作用就像磨的轴心。卷笔刀由于风力的作用而旋转。

变电站

家

从电力中心到家

塔架内部有一个变压器，可以将产生的电压变成原来的数倍，并把电能传送到电缆中，这些电缆会把在电厂区域内获得的电能一起汇聚到变电站，变电站因此拥有更大的功率。最后电能会通过电网传递到一个地区内的千家万户。

我们需要水!

当你打开水龙头，水就流出来了；当你去海滩度假，你会看到许多许多水；当你去山林游玩，你会看到河流、小溪或者水洼；如果天空变成了灰色的，乌云密布，可能就要下雨了！又是水！水虽然随处可见，但它其实是地球非常宝贵的资源。

自然能源!

我们所有人都需要能量。人类从很久很久以前，就意识到水拥有无与伦比的力量，于是他们开始尝试用水来驱动石磨，研磨谷物，制作面粉。

水力发电中心

发电机组

涡轮机

涡轮机通过转动，把山脉水源中水的流动转化为能量。

健康之源

你肯定已经习惯直接打开水龙头取水了，我们生活中的用水是经过处理的，所以可以直接用。但你千万不能直接从湖里或者池塘里取水喝，因为这些地方的水含有大量杂质和细菌，会让你生病。而且它们也可能含有化学污染物和垃圾，贸然饮用很危险。

行动起来吧!

你可以采取一些小的措施来帮助节约用水:

·用洗过蔬菜的水给植物浇水,这样不仅可以节约水,还可以给你的植物提供额外的营养。

·洗手时,在给手打肥皂的时候,关闭水龙头。

·在出门游玩时,不乱丢垃圾。

想一想,做一做

一口井

1.把按压泵插入塑料管中。把它们直立于大塑料瓶的底座,并用碎石填充固定。
2.用喷壶模仿下雨的过程,不断往碎石里浇水,让水量达到容器的四分之三左右。然后不断按动按压泵,这就相当于从井中抽水,压出一杯水即完成实验。注意别忘了观察容器里的水位是否下降。

发生了什么?

你们家可没有地下湖!你的水是从放了碎石的容器里压出来的,这就是泵的作用,可以把地下的水取到地面上来。不过你压出来的水是被污染过的,很脏,千万不能喝!

在地底下!

在地下,我们会发现这里积聚着大量雨水,这些水在岩石的孔隙和裂缝中流动,为了取出、利用这些水,最好的办法就是建造一口井。

好热啊！

你可能经常会说"好热啊"！你的好朋友可能也经常说这样的话，甚至你家的狗看起来都很热的样子。你想过地球热不热吗？好吧，我想说地球没准儿也会说好热。接下来，让我们找出让地球感觉热的原因吧！

快来消耗能量！

当你打开灯或者洗热水澡时，你所消耗的能量主要来自燃烧天然气、煤炭或石油，它们燃烧后会产生含有二氧化碳的气体，这些气体会进入大气层。大气层是环绕在地球周围的空气层，里面含有大量的气体。

温室效应！

随着各种能源的燃烧，产生的气体越来越多，累积在大气层里形成了一个类似于屋顶的东西，这种"屋顶"不允许热量离开地球去太空，于是热量就一直停留在地球上方。正常情况下，这样的"屋顶"可以防止地球上温度过低，但是由于人类滥用能源，可能会导致地球温度升得过高，带来严重后果。这就是所谓的温室效应。

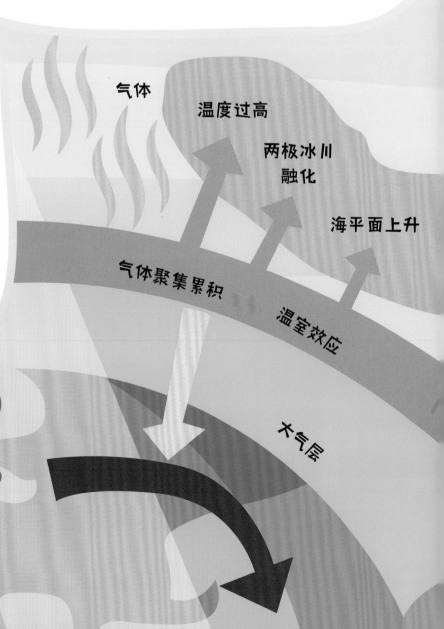

太阳光线

气体

温度过高

两极冰川融化

海平面上升

气体聚集累积

温室效应

大气层

想一想，做一做

你需要……

•纸箱
•剪刀
•胶带
•保鲜膜
•温度计

一个温室

1. 在纸箱两个较大的面上剪出两个长方形，就好像窗户一样，把纸箱的上方用胶带粘在一起，修剪多余的边边角角，注意最好要形成一个有弧度的棚顶。这样温室就做好了。
2. 在温室里放一个温度计，把温室放在能被太阳照射到的地方，记录下温度。然后把温室的两个长方形窗户用保鲜膜封住，再把温室放回到原来那个可以照到太阳的地方，等一会儿，然后再次记录温度值。

发生了什么？

保鲜膜与大气层中的气体具有相同的作用，它不会让热量散失，所以封了保鲜膜的温室温度会高于没封保鲜膜的温室温度。

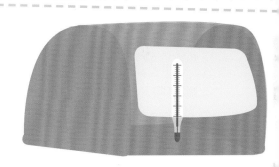

气候变化

由于温室效应，气候发生了变化：四季的差异会变小，动物会搞不清楚它们处于什么季节，农作物也会弄错开花、结果的时间……

参与行动！

你可以做一些伟大的事情来减少温室效应：

· 外出骑自行车或坐公共交通工具。
· 外出时要关闭家中电器。
· 种一些花花草草。另外要多吃天然食材，这样我们的环境会更干净整洁！

保护你自己!

每当你出去晒太阳的时候，是不是总有人问你："你涂防晒霜了吗？"或者跟你说："来，我帮你涂防晒霜！"对此你也许会觉得很烦，但是暴晒可是很危险的，你必须要保护自己免受强烈的太阳光线的伤害！

红外线 紫外线

红外线

你已经知道了太阳光是由彩虹的七种颜色组成的。但是阳光中还有一些我们看不到却可以感觉得到的特殊颜色的射线：红外线。晒太阳时，红外线会让我们感到温暖。

SPF 30

紫外线

你也许已经听过千百次紫外线的大名，但是你知道它们到底是怎样的吗？它们是非常奇特的射线，你看不到它们，但是它们的力量却非常强大，可以灼伤、破坏皮肤。

太阳

臭氧层

臭氧层围绕在地球上方，是由被我们称为臭氧的气体形成的，这种气体能够吸收来自太阳的对我们不利的紫外线辐射。

自然的保护层

为了免受紫外线的伤害，我们会使用防晒霜、戴太阳镜，但其实大自然也给我们提供了帮助，地球上方的臭氧层就起着吸收紫外线的作用，如果没有臭氧层，我们根本就没法出门。

你需要……

- 旧杂志
- 具有不同防晒系数的防晒霜（比如：防晒系数20和防晒系数50）
- 晴天

想一想，做一做

防晒霜如此发挥功效

1. 选择一张印着大幅照片的杂志页，把这一页分为3个部分：第一个部分上什么都不涂，第二个部分上涂一些防晒系数为20的防晒霜，第三个部分上涂一些防晒系数为50的防晒霜。
2. 把这一页杂志摊在太阳能够照得到的地方，固定这张纸，确保不让它飞走，不被弄湿，不被损坏。等它在太阳下晒了大约6个小时后，观察一下发生了什么。

发生了什么？

防晒霜可以起到防护作用，涂了防晒霜的部分看起来色调依然鲜明，但是没有涂防晒霜的那个部分则会失去色彩。这就是为什么我们应该使用防晒霜，防晒霜能保护我们的皮肤不被晒伤。

SPF 50

我们的眼睛会怎样？

千万别忘记给我们的眼睛防晒，但是眼睛是不能使用防晒霜的呀！这时候最好的解决办法就是使用太阳镜，太阳镜片是特殊材质的深色镜片，可以防止紫外线照射损害视力。

如果我们照顾它们，它们就能活下去！

这个星球是由许多微小的部分组成：你，我，产生氧气的植物，食物链中的动物，流动的河水……这个世界存在的一切，对地球来说都是必不可少的，正是因为这万事万物，地球才如此宝贵。

它们需要我们的照顾

一些动物由于自然原因灭绝了，比如恐龙，可能是陨石坠落到地球，改变了地球的气候和生态环境，它们因此永远地消失了。后来地球一点一点地恢复了，新的物种随之出现。如今有许多动物处于危险之中，如果我们不好好照顾它们的话，它们可能也会永远地消失。

一些濒临灭绝的动物

袋鼠　企鹅　海龟　水獭　狮子

人类活动

我们已经污染了它们赖以生存的水源，为了修建道路，我们还砍伐了它们栖居的丛林，我们改变了生态系统，虽然我们现在意识到了这个问题，并想办法改善，但仍需要很长时间才能有起色！

有很多事情要做

每个国家都在试图采取措施，并制定了保护野生动物的法律，极力避免滥杀滥猎野生动物，或者禁止出售和使用某些动物身上的某些部分，比如象牙等。

你该做些什么呢?

· 去森林玩儿时，不要发出太大的声音，以免惊扰动物们。

· 如果你去海滩，请带一个袋子存放垃圾，不要把垃圾扔入大海，因为海里的动物们可能会吃掉垃圾导致生病或者死亡。

· 在使用纸张之前，考虑清楚是否必须要用。还可以考虑使用已经用过的纸。节约用纸可以减少砍伐树木，从而更好地保护森林。

想一想，做一做

你需要……

- 3个卫生纸中间的硬纸筒
- 丙烯颜料
- 玩具上那种能够活动的眼睛（如果找不到的话，可以用记号笔画眼睛）

- 记号笔
- 胶棒
- 剪刀
- 裁纸刀

大鳄鱼

1. 先用第一个硬纸筒做成头部。为了制作嘴巴，需要把硬纸筒剪成2个大三角形，然后把两个大三角形一上一下贴在第二个硬纸筒的一头，然后制作一些小的三角形作为牙齿，贴在鳄鱼的嘴巴里。

2. 第二个硬纸筒是鳄鱼的身体。用裁纸刀在硬纸筒的前后各切两个槽，这些地方插鳄鱼的前腿和后腿。为了制作鳄鱼的鳞片，可以用裁纸刀在硬纸筒上划出锯齿形的纹路。

3. 用第三个硬纸筒制作鳄鱼的尾巴部分。把这个硬纸筒剪开，剪出一整条当作尾巴即可，剩下的材料则可以剪成腿的形状，插在鳄鱼身上的凹槽里。

4. 装好3个硬纸筒后，用丙烯颜料把鳄鱼涂上颜色。最后给鳄鱼粘上眼睛。如果没有玩具用的活动眼睛，也可以先用白色的记号笔画两个大圆圈，然后用黑色的记号笔在白圈中间点一个小点。

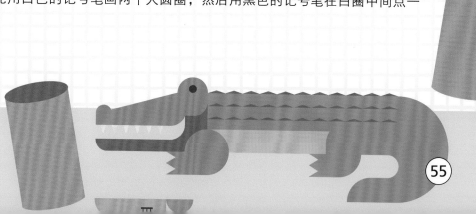

照顾我们的星球

我们的日常生活会产生很多废物和垃圾，这些垃圾会被送到掩埋场燃烧，这个过程会产生可能污染环境的气体。为了解决这个问题，我们想出了一个解决方案："3R"原则。也许你以前没听说过这个原则，但以后你就可以付诸实践了！

1R

减少原料（Reduce）

你只需尝试创造一个整洁干净的空间，减少扔垃圾的数量。你可以：

- 把三明治放在餐盒里，不使用锡箔纸包住它。
- 去超市的时候，使用环保布袋。
- 洗淋浴，不使用浴缸沐浴（以此减少用水量）。
- 不使用电子设备时，彻底关闭它们（节约用电）。

2R

重复使用（Reuse）

我们可以把不再需要的旧物赋予新用途：

- 把你穿着太小的衣服送给你的弟弟妹妹穿，你不再喜欢的玩具也可以送出去。
- 旧的T恤是非常棒的抹布。

3R

物品回收（Recycle）

把那些可以回收的废物用于制作新产品。

·可回收物包括玻璃、纸张、塑料（可生物降解的垃圾）等，例如：牛奶盒、塑料瓶、易拉罐、纸制品和玻璃瓶等物品。

你需要……

- 1个金属衣架
- 1双旧丝袜
- 废纸
- 1个碗
- 水
- 白胶
- 汤匙
- 厨房用纸
- 1个烤盘
- 1个塑料袋
- 擀面杖
- 旧报纸

再生纸

1. 请一位成年人帮忙，把衣架弯成正方形。然后用丝袜包住它，这样你就有了一个筛子。接下来把废纸剪成很小的碎片放入碗中，往碗里倒水，让水没过纸片。让纸片浸泡至少1小时。然后在里面加入1汤匙白胶，搅拌均匀。

2. 在烤盘上放上几节厨房用纸，把筛子置于烤盘上方，然后把碗中的纸浆均匀摊开在筛子上。把塑料袋盖在上面，并用擀面杖在上面滚动。最后把带有纸浆的筛子放在报纸上，等它自然晾干。当它变硬时，就可以把它取下来，你就有了一张再生纸。

发生了什么？

纸主要由很小的纤维组成。当你把纸剪碎并浸泡时，纸中的纤维就分离出来了，当你用擀面杖在纸浆上面滚动时，纤维又会重新凝聚在一起。

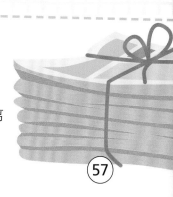

每个科学家都应该知道的事……

原子：化学反应中不可再分割的基本微粒，由原子核和绕着原子核运动的电子构成。

磁场：包围着拥有它的物体的一种看不见的能量。

细胞：是生物体结构和功能的基本单位，可以认为细胞是活着的最小生命。因为细胞实在太小了，我们肉眼根本无法看到它们，所以我们需要借助显微镜才能观察到它们。

叶绿素：是植物细胞中叶绿体含有的绿色物质。叶绿素是植物进行光合作用的主要色素，让植物呈现出绿色。

燃烧：可燃物质与氧气结合，产生光和热的化学反应。

摩擦力：两个物体相互接触，接触面之间阻碍它们相对运动的力。

力：物体对物体的作用，比如支撑一个物体的重量。

引力：两个物体相互吸引的力。引力使地球围绕太阳旋转，也使月球围绕地球旋转。

质量：物体自身拥有的物质的多少。

分子：分子是物质中能够独立存在，并保持该物质物理化学特性的最小单元。

声波：发声体产生振动并在空气或其他物质中传播的波。

重力：地球吸引物体的力。

大气压力：空气施加在地球表面的压力。

体积：当物体占据的空间是三维空间时，所占空间的大小。

图书在版编目（CIP）数据

有意思的百科知识课堂. 科学 ／（西）贝林·加科瓦·马丁著；李沛姿译. — 北京：北京时代华文书局,2020.12

ISBN 978-7-5699-4003-9

Ⅰ. ①有… Ⅱ. ①贝… ②李… Ⅲ. ①自然科学—普及读物 Ⅳ. ①N49

中国版本图书馆CIP数据核字(2020)第263944号

北京市版权局著作权合同登记号　图字：01-2019-7833

有意思的百科知识课堂 科学

YOU YISI DE BAIKE ZHISHI KETANG KEXUE

著　　者｜［西］贝林·加科瓦·马丁
译　　者｜李沛姿

出 版 人｜陈　涛
选题策划｜许日春
责任编辑｜沙嘉蕊
责任校对｜凤宝莲
装帧设计｜孙丽莉
责任印制｜訾　敬

出版发行｜北京时代华文书局 http://www.bjsdsj.com.cn
　　　　　北京市东城区安定门外大街138号皇城国际大厦A座8楼
　　　　　邮编：100011 电话：010-64267955 64267677
印　　刷｜北京盛通印刷股份有限公司　010-52249888
　　　　　（如发现印装质量问题，请与印刷厂联系调换）
开　　本｜889mm×1194mm　1/16　印　张｜3.75　字　数｜74千字
版　　次｜2022年3月第1版　　　　印　次｜2022年3月第1次印刷
书　　号｜ISBN 978-7-5699-4003-9
定　　价｜168.00元（全3册）